优秀技术工人
百工百法丛书

王振强工作法

HXD3D型机车牵引普速列车平稳操纵

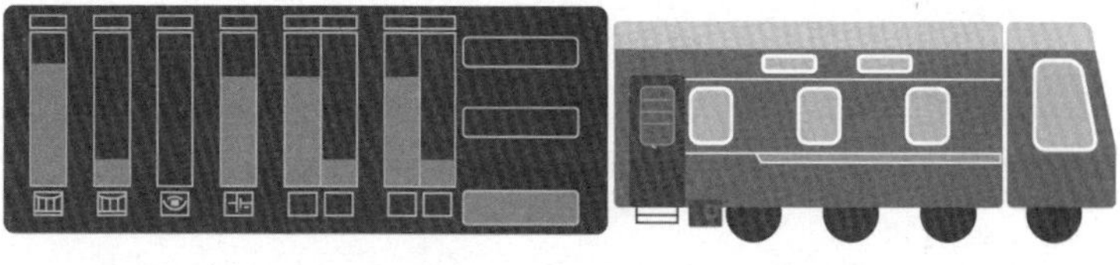

中华全国总工会 组织编写

王振强 著

中国工人出版社

技术工人队伍是支撑中国制造、中国创造的重要力量。我国工人阶级和广大劳动群众要大力弘扬劳模精神、劳动精神、工匠精神，适应当今世界科技革命和产业变革的需要，勤学苦练、深入钻研，勇于创新、敢为人先，不断提高技术技能水平，为推动高质量发展、实施制造强国战略、全面建设社会主义现代化国家贡献智慧和力量。

——习近平致首届大国工匠
创新交流大会的贺信

优秀技术工人百工百法丛书

编委会

优秀技术工人百工百法丛书

铁路卷

编委会

序

党的二十大擘画了全面建设社会主义现代化国家、全面推进中华民族伟大复兴的宏伟蓝图。要把宏伟蓝图变成美好现实，根本上要靠包括工人阶级在内的全体人民的劳动、创造、奉献，高质量发展更离不开一支高素质的技术工人队伍。

党中央高度重视弘扬工匠精神和培养大国工匠。习近平总书记专门致信祝贺首届大国工匠创新交流大会，特别强调“技术工人队伍是支撑中国制造、中国创造的重要力量”，要求工人阶级和广大劳动群众要“适应当今世界科技革命和产业变革的需要，勤学苦练、深入钻研，勇于创新、敢为人先，不断提高技术技能水平”。这些亲切关怀和殷殷厚望，激励鼓舞着亿万职工群众弘扬劳模精神、劳动精神、工匠精神，奋进新征程、建功新时代。

近年来，全国各级工会认真学习贯彻习近平总书记关于工人阶级和工会工作的重要论述，特别是关于产业工人队伍建设改革的重要指示和致首届大国工匠创新交流大会贺信的精神，进一步加大工匠技能人才的培养选树力度，叫响做实大国工匠品牌，不断提高广大职工的技术技能水平。以大国工匠为代表的一大批杰出技术工人，聚焦重大战略、重大工程、重大项目、重点产业，通过生产实践和技术创新活动，总结出先进的技能技法，产生了巨大的经济效益和社会效益。

深化群众性技术创新活动，开展先进操作

法总结、命名和推广，是《新时期产业工人队伍建设改革方案》的主要举措。为落实全国总工会党组书记处的指示和要求，中国工人出版社和各全国产业工会、地方工会合作，精心推出“优秀技术工人百工百法丛书”，在全国范围内总结 100 种以工匠命名的解决生产一线现场问题的先进工作法，同时运用现代信息技术手段，同步生产视频课程、线上题库、工匠专区、元宇宙工匠创新工作室等数字知识产品。这是尊重技术工人首创精神的重要体现，是工会提高职工技能素质和创新能力的有力做法，必将带动各级工会先进操作法总结、命名和推广工作形成热潮。

此次入选“优秀技术工人百工百法丛书”作者群体的工匠人才，都是全国各行各业的杰出技术工人代表。他们总结自己的技能、技法和创新方法，著书立说、宣传推广，能让更多人看到技术工人创造的经济社会价值，带动更多产业工人积极提高自身技术技能水平，更好地助力高质量发展。中小微企业对工匠人才的孵化培育能力要弱于大型企业，对技术技能的渴求更为迫切。优秀技术工人工作法的出版，以及相关数字衍生知识服务产品的推广，将对中小微企业的技术进步与快速发展起到推动作用。

当前，产业转型正日趋加快，广大职工对于技术技能水平提升的需求日益迫切。为职工群众创造更多学习最新技术技能的机会和条件，传播普及高效解决生产一线现场问题的工法、技法和创新方法，充分发挥工匠人才的“传帮带”作用，工会组织责无旁贷。希望各地工会能够总结、命名和推广更多大国工匠和优秀技术工人的先进工作法，培养更多适应经济结构优化和产业转型升级需求的高技能人才，为加快建设一支知识型、技术型、创新型劳动者大军发挥重要作用。

中华全国总工会兼职副主席、大国工匠

高凤林

作者简介
About The Author

王振强

1986 年出生，现任中国铁路北京局集团有限公司丰台机务段“毛泽东号”机车组司机长兼班组党支部书记，电力机车司机，高级技师。曾获全国劳动模范、全国五一劳动奖章、北京市劳动模范、首都劳动奖章、全路技术能手等荣誉。自 2018 年担任“毛泽东号”机车组司机长以来，他先后两次带领机车组成员突破机车安全走行百万公里大关。截至目前，“毛泽东号”机车已连续安全走行1280万公里。

作为全国示范性劳模和工匠人才创新工作室负责人，王振强带领工作室成员结合铁路运输现场实际，积极开展技术攻关和技术改造，他研发的“便携式行车凭证教学演练装置”填补了机车乘务员日常培训设备的空白，发明的“纯电动自动上砂车”有效解决了机车整备上砂作业劳动强度大、工作效率低的问题，总结的《HXD3D型机车担当旅客列车稳、准、明、精、省“五字”平稳节能操纵办法》，在减少列车操纵产生冲动的同时有效地降低了能耗。他先后取得各类创新成果30余项，累计产生经济效益200余万元。

以高度的责任心，严明的责任制，过硬的基本功，确保每一趟列车安全正点。

王振强

目　　录
Contents

引　言 Introduction

2023 年，中国铁路完成旅客发送量 36.8 亿人次，其中普速铁路运营里程 11.4 万公里，占全国铁路运营里程的 2/3 以上。普速旅客列车作为铁路客运的主力，列车运行的安全平稳直接关系到广大旅客的乘车体验。列车是由机车和车辆组成的一个整体的非刚性结构，机车与车辆的纵向冲撞会沿着车钩向列车尾部依次传递。虽然机车和车辆都安装有缓冲装置，但是由于缓冲装置行程有限，机车和车辆自重较大，列车冲动会对车体结构产生极大的破坏力，轻则影响旅客的乘车体验，重则造成列车断钩分离事故。

现有的普速铁路线路纵断面情况复杂，列车在运行中受坡道起伏、天气条件、车辆载重等因素影响，纵向冲动问题频发。列车司机应该掌握列车纵向动力学知识、机车牵引制动特性及列车操纵的技术性和规范性，根据现场实际情况采取相应措施，将不利因素通过合理的操纵进行化解，确保列车运行平稳。

本书主要通过对列车冲动产生的各个环节进行分析，阐述笔者多年来在从事旅客列车机车乘务工作过程中，基于现有人员和技术条件，针对不同车型、不同速度等级的列车，总结出的一套适用于普速旅客列车的平稳操纵方法，供大家参考。

第一讲

列车平稳操纵概述

铁路是国民经济的大动脉，随着我国铁路事业的快速发展，中国高铁以其高速、平稳、舒适、便捷的特点成为我国交通事业一张亮丽的名片。同时，人民群众对铁路出行的要求也有了进一步的提高，普速铁路出行的安全性、舒适性受到了越来越多的关注。为更好地践行“人民铁路为人民”的服务宗旨，如何把普速列车开得像动车般平稳、舒适成为亟待解决的重要难题。

相对于高铁动车车体的密接式车钩而言，普速旅客列车车体车钩间隙较大是造成列车冲动的根本原因。为减轻车辆间的冲撞，车辆间的连接通常采用小间隙车钩，通过降低车钩间隙来减少列车冲动，达到安全平稳运行的目的。由于小间隙车钩的设计会导致车辆转弯半径增大，考虑到既有铁路线路改造困难，车钩设计需要预留一定的安全间隙余量，目前还不能依靠制造技术手段完全消除车钩间隙。这就要求司机根据线路纵断面情况，通过优化操纵方法来消除列车运行中产生的冲动。

机车乘务员的职责是确保列车运行安全正点，平稳操纵对确保旅客列车运行安全有着十分重要的作用。旅客列车的平稳舒适运行，既能体现铁路机务系统的优质服务，又能为铁路赢得良好的口碑和市场。

第二讲

列车产生冲动的原因分析

列车在运行过程中包含起动、加速、匀速、制动、缓解、停车等工况，不同的操纵工况会导致列车各车辆之间产生不同的动态纵向作用力，对列车安全平稳运行有着重要的影响。

由于列车较长，机车和车辆通常处于不同坡度的线路纵断面上，车钩牵引力或制动力作用于每节车辆的时间不同，车钩间隙的大小对车辆的加速度或者减速度影响很大，不容忽视。实践表明，列车的纵向冲动与列车长度的平方成正比。

一、列车起动阶段的冲动分析

受发车地点的线路坡度等因素影响，机车与车辆的车钩状态分为三种：压缩状态、伸张状态和自然状态。其中，在压缩状态和自然状态下，车钩间都会存在一定的间隙。机车起动后在牵引力传递的过程中，会产生拉伸冲动，拉伸冲动的大小与牵引力提升的快慢和车钩间隙的大小

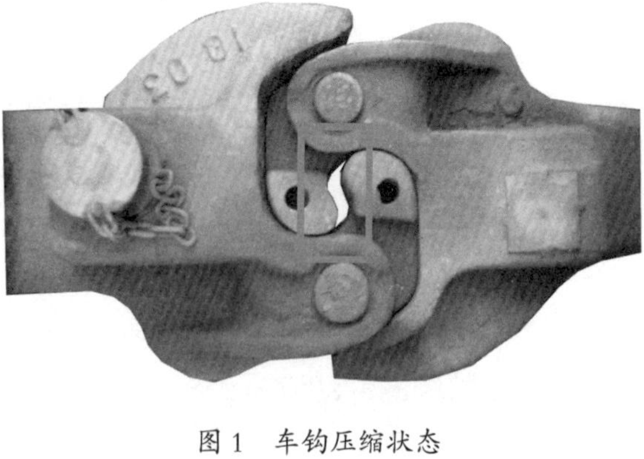

图 1　车钩压缩状态

图 2　车钩伸张状态

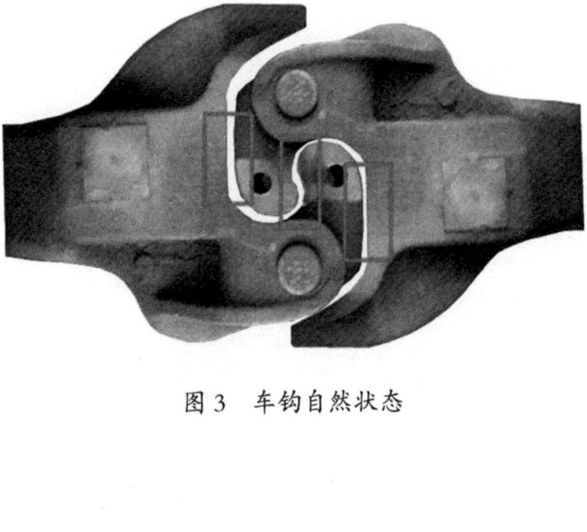

图 3　车钩自然状态

有关。

（1）机车的牵引力提升越快，起动时列车的冲动就越明显。

（2）车钩间隙越大，起动时列车的冲动就越明显。

此外，在列车起动时，车钩承受的压力最大，之后逐渐减小。为保证起动平稳，有条件时应在车钩伸张状态下起动列车，尽量不在车钩压缩状态下起动。如果在车钩压缩状态下起动列车，应该缓慢地增加机车牵引力，确保在全列车钩处于伸张状态时再进行加速。

二、列车加速阶段的冲动分析

列车起动加速后，全列车钩处于伸张状态，正常情况下，列车加速阶段整体较平稳。在加速状态下产生冲动的原因是牵引力的突然加大或者突然减小。发生上述情况有三个原因：一是司机手柄进级过快，导致机车牵引电流突然增大；二是机车动轮空转，导致机车牵引电流突然减小，车辆受惯性影响与机车发生冲撞；三是运行速度接近限制速度，司机对于线路情况不熟悉，进入长大下坡道前未能及时调整主手柄级位；信号、行人、天气等外界因素的影响分散司机的注意力。当听到列车运行监控装置即将超速的语音报警时，司机通常采取的措施是立即将主手柄回至零位，这样势必造成列车冲动。

三、列车途中运行阶段的冲动分析

准恒速机车牵引的车辆在匀速运行中，受线路纵断面变化影响，列车车钩在压缩、伸张和自然状态间不断变换，是产生冲动的主要原因。在平道运行时，造成列车冲动的原因是机车在牵引状态和惰力运行状态间的相互转换。列车由平道转入坡道、上坡道转入下坡道、下坡道转入上坡道时，因机车与车辆受力状态不一致而产生的速度差，会造成列车冲动。此外，机车空转、主手柄级位频繁切换和快速提回手柄都会导致列车冲动。

四、列车再生制动时的冲动分析

再生制动是通过牵引电机将动能转化成电能使列车减速的制动方式。使用再生制动时，列车中只有机车产生制动作用，机车突然减速，后部车辆在惯性作用下撞击机车和前部车辆，迅速使车钩由伸张状态转变为压缩状态而引发冲动。解除再生制动时，机车突然失去制动力，被压缩的车钩缓冲装置瞬间释放，再次产生冲动，此时如果立即转入牵引工况，产生的冲动更大。因此使用再生制动时应将主手柄拉至再生制动位稍作停留，确保全列车钩处于压缩状态时再逐级增加制动力。解除再生制动时，应将主手柄缓慢回至接近零位并稍作停留，确保制动电流稳定后再将主手柄回至零位。

五、列车空气制动和缓解时的冲动分析

列车施行空气制动时，制动力从列车前部向后依次传递，在列车前后制动时间差内会产生前阻后涌的冲动，冲动最明显的部位往往集中在列车中部。在旅客列车硬座和卧铺车厢载客量不均的情况下，因空重车制动率偏差和惯性力不同，感知的冲动会更加明显。

研究表明，制动和缓解的不同时性是列车制动和缓解时发生强烈纵向冲动的主要原因。

对于制动机而言，其产生的制动作用导致列车冲动有以下特点：当速度较低时，减压量越大，产生的冲动越大；当速度较高时，连续追加或者未排完风追加制动，产生的冲动较大；在“鱼背形”或者“锅底形”坡道线路上进行制动

图 4　HXD3D 型机车 CCB Ⅱ空气制动机

与缓解，会加大列车的冲动。

车辆缓冲器的性能对于削减列车纵向冲动有一定的影响。列车工况过渡如制动力缓解时，纵向冲动很大。紧急制动时列车出现明显压缩，并且制动初速度越低，车钩压缩越大，产生的复杂冲动越大。需要注意的是压缩后的缓冲装置反弹，车钩由压缩状态转换为伸张状态，此时容易发生断钩事故。

列车制动后施行缓解，车钩受到很大的拉力，车钩的承拉能力远低于承压能力。机车乘务员在使用制动机的过程中排风时间短，出现“大劈叉”，造成后部车辆未缓解而前部车辆已经缓解，并且由于机车自重大，会产生前涌现象，增大列车纵向冲动。特别是低速缓解时，仍在制动中的车辆制动力大，前后车辆的纵向作用力相差就大，从而使产生的纵向冲动增大，往往会导致断钩事故。

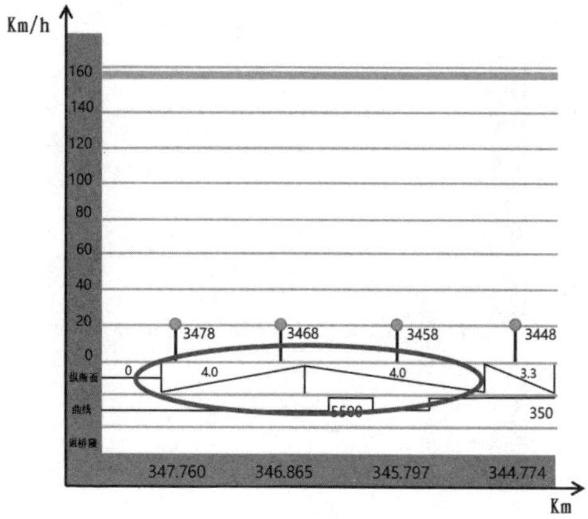
Km/h
160
140
120
100
80
60
40
20
0
3478
3468
3458
3448
0
4.0
4.0
3.3
5500
350
347.760
346.865
345.797
344.774
Km

图 5 “鱼背形”坡道

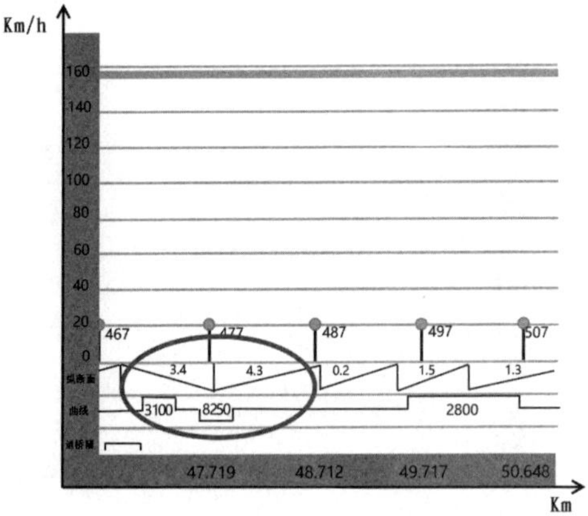
Km/h
160
140
120
100
80
60
40
20
0
467
477
487
497
507
3.4
4.3
0.2
1.5
1.3
纵断面
曲线
3100
8250
2800
47.719
48.712
49.717
50.648
Km

图 6 “锅底形”坡道

车钩间隙会对列车的纵向冲动造成很大的影响。由于车钩间隙的存在，车辆间的相对速度增大，车辆间的冲撞作用加剧。车钩间隙约为60mm，如果列车制动前整列车钩处于压缩状态，当列车制动时，间隙效应不断增加，列车纵向冲动最大；反之，整列车钩呈伸张状态，列车纵向冲动最小。

无论车钩处于压缩状态还是伸张状态，只要车钩间的变化量超过缓冲器的行程值，就会产生刚性冲击，也就产生了冲动。因此减小车钩间的变化量是减轻冲动的根本。

第三讲

旅客列车平稳节能操纵总则

自2014年7月1日起，中国铁路北京局集团有限公司丰台机务段“毛泽东号”机车组结束了68年牵引货物列车运输的历史，开启了牵引旅客列车任务的新征程。截至目前，机车组先后使用HXD3B、HXD3D型电力机车担当京九线北京西至阜阳间K1071/1072次、京广线北京至长沙间T1/2次、北京西至长沙间Z1/2次、北京丰台至邯郸间K7709/7710次旅客列车牵引任务，最高运行速度涵盖120km/h、140km/h、160km/h等级普速旅客列车。机车组认真学习行业内外单位客车操纵经验，并结合现役HXD3D型机车特点，总结了一套完整的担当旅客列车“五字”平稳节能操纵办法，即稳、准、明、精、省。

一、平稳节能操纵把握“五字”方针

1. 列车起动时要把握一个“稳”字

列车起动时根据现场情况尽量使用低手柄，

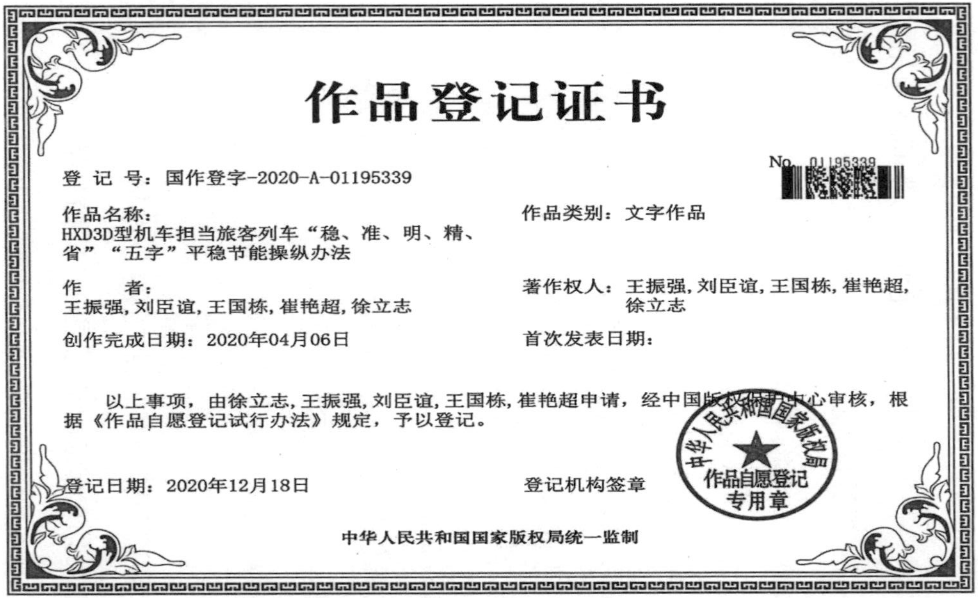

作品登记证书

No. 01195339

登　记　号：国作登字-2020-A-01195339

作品名称：HXD3D型机车担当旅客列车“稳、准、明、精、省”“五字”平稳节能操纵办法

作品类别：文字作品

作　　者：王振强，刘臣谊，王国栋，崔艳超，徐立志

著作权人：王振强，刘臣谊，王国栋，崔艳超，徐立志

创作完成日期：2020年04月06日

首次发表日期：

以上事项，由徐立志，王振强，刘臣谊，王国栋，崔艳超申请，经中国版权保护中心审核，根据《作品自愿登记试行办法》规定，予以登记。

登记日期：2020年12月18日

登记机构签章

中华人民共和国国家版权局 作品自愿登记专用章

中华人民共和国国家版权局统一监制

图 7　“五字”平稳节能操纵办法作品登记证书

确保在低电流情况下拉伸车钩平稳起动，尽量减少起动过程中造成的列车冲动。待全列起动后手柄再逐级进级，使机车电流始终保持输出状态通过岔区。通过LKJ尾部限速防护前，保持电流不消失。天气不良时，要适当撒砂，防止空转。

2. 提、回手柄时机要准确，把握一个“准”字

运行中提牵引手柄时，级位选择要准确，一般先要高于列车实际速度0.1级，当电流出现并稳定后再提至需要级位，保证牵引电流不在此过程中产生又消失，频繁转换使列车产生冲动。回手柄时准确把握时机，先退回手柄级位低于列车实际运行速度1.0级，待电流自然消失后，手柄在“*”位稍作停留，再回至零位。

机车使用再生制动提手柄时，根据线路坡道准确把握制动时机，先将制动手柄放置在–0.1级，待制动电流稳定并自然上升后，可根据降速需求逐级调整手柄级位。回手柄时，要逐级退回，手柄在“*”位稍作停留，再回到零位。

3. 牵引列车运行时操纵要明确，把握一个“明”字

明确担当区段内线路坡道、分相位置、前后列车运行情况、列车区间运行点、停车站到达时刻、停车标位置等情况。明确机车性能、运用状态、牵引的辆数吨数、列车计长等技术指标，对列车制动性能及调速时机做到情况明、底数清。合理操纵列车，保持列车均衡运行，减少列车不必要的制动调速。

4. 列车制动调速时要精确，把握一个“精”字

使用空气制动时，制动前要单独缓解机车制动，使列车制动时机车呈缓解状态。尽量采用牵引辅助法，注意将牵引电流控制在合理区间，要掌握早减压少减压的长波浪制动方法，根据限速

要求精确掌握缓解速度。使用再生制动调速时，要精确掌握制动距离，一般要大于使用空气制动的距离。使用时手柄应先放置在 1.0 级以内，再根据限速要求适当调整制动手柄级位，接近目标速度时提前降低制动电流。

进站停车时，要精确控制进站速度，把握好制动时机，清楚制动距离，牢记各股道停车标位置。使用空气制动停车时，尽量少追加制动；使用再生制动停车时，距停车标 100m 前，列车速度应低于 10km/h，对标停车可以确保稳、准、妥。

5. 注重各种细节，树立节能意识，把握一个“省”字

在列车操纵过程中，合理使用再生制动。在细节方面，要牢固树立“省”的意识。如在单机转线过程中，合理使用机车自动换端功能进行换端操作，避免辅助设备和微机系统的重复起动浪

费电能。机车在停车状态下应及时将换向手柄置于中立位，使牵引电机、通风机及一些辅助风机停止工作。随时关闭不必要的电气设备，夜间停车后及时关闭头灯、行标灯，冬季断开冰箱电源，断开后室空调设备。机车整备时应及时保养通风机，擦拭绝缘瓷瓶，清理散热器等，保证机车散热性能良好，提高机车热力性能。

二、机车再生制动的使用

《铁路机车操作规则》第三十三条规定："装有动力制动装置的机车在列车调速时，要采用动力制动为主、空气制动为辅、相互配合使用的方法。"HXD3D型机车具有再生制动功能，机车在使用再生制动进行列车调速时，能将再生的电能反馈回接触网进行再利用，所以合理地使用再生制动对列车进行调速可以达到节能降耗的目的。下面是保证列车在平稳的前提下使用再生制动的办法。

1. 再生制动的操作

（1）进站停车的操作

一控：列车进站前要提前控制好速度，使用再生制动时，制动手柄需放置在初制位（1.0 级以内）。

二调：列车进站后根据速度调整制动手柄级位，距停车标 300m 时，速度不高于 25km/h；距停车标 100m 时，速度应控制在 10km/h 以内。

三回：当速度降到 5km/h 时，机车电制动力消失，制动手柄应及时调整至 1.0 级，然后再退回零位。

四停：待全列车钩呈自然状态后，使用自阀空气制动（调至初减压量即可）对标停车。

（2）区间通过临时限速的操作

一清：清楚限速地点位置、线路纵断面、分相位置、前后列车运行情况。

二用：先使用再生制动，当再生制动不能满

足列车降速要求时，再使用空气制动。

三调：当列车达到运行速度要求时，先缓解空气制动，再调整再生制动。

四回：根据限速值、线路纵断面实际情况，合理掌握制动手柄的退回时机。

（3）进入长大下坡道的操作

列车进入长大下坡道时，根据列车速度应及时使用再生制动。列车速度持续上升时，增加手柄级位以加大制动电流，直至速度稳定后保持手柄级位。

如长大下坡道区段有分相，接近分相时，将列车速度调整至安全范围，到达规定地点时，回手柄断主断路器，待机车网压正常后及时提制动手柄至适当位置。

列车由长大下坡道进入较小的坡道时，提前适量调整制动手柄级位，保持列车速度。需转换工况时，主手柄在零位停留的时间不少于10s。

列车由长大下坡道进入上坡道时，变坡点前应适当调整制动手柄级位，待整列车通过变坡点后方可回至1.0级，而后再回至零位。

2. 再生制动的五个原则

（1）操纵列车过程中需短时间、大幅度降低列车运行速度时不宜使用再生制动。使用再生制动调速时，产生制动力的过程较为缓慢，制动距离较长，不能满足较快降速的要求。

（2）使用再生制动的过程中，调整制动手柄时，电流变化过快极易造成列车冲动，所以制动手柄应在初电制位（1.0级以内）保持不少于5s。

（3）制动工况转换为牵引工况前，主手柄在零位保持不少于5s。因为制动手柄回零后，制动励磁电流不能立即消失，需等待励磁电流完全消失后再使用牵引工况，以防产生逆电流。使用再生制动时，列车的车钩呈压缩状态，5s的时间可以使车钩基本完成自由伸张，在牵引时可以有效防止列车发生冲动。

（4）使用再生制动进站停车或通过限速区间时，要保证列车实际运行时刻比运行图早2min以上。

（5）遇降雾、暴风雨、降雪及其他不良天气情况时，不宜使用再生制动（上述情况会造成轮轨湿滑，此时使用再生制动，机车易发生轮滑现象）。

3. 使用再生制动的简明口诀

“初电制”，即使用再生制动时，制动手柄首先应提至初电制位（1.0级以内）。

“适调整”，即根据所要达到的目标速度，适当调整主手柄位置，以便调节制动力大小。

“一位停”，即解除再生制动时，主手柄应在初电制位（1.0级以内）停留不少于5s。

“再回零”，即待制动电流稳定并降到最低值时，再将主手柄退回零位。

第四讲

HXD3D 型机车牵引 25T 型旅客列车平稳操纵方法

25T 型客车是为满足 160km/h 时速等级而设计制造的客运车体，车体采用 CW-200 型、SW-220 型转向架，车钩连挂间隙≤ 1.5mm，可满足以 160km/h 的速度持续运行达 20h 的不停站运行需要。车辆与机车间采用 15 号车钩 +G1 缓冲器的钩缓装置，连挂后车钩最大纵向移动间隙为 19.5mm，远大于车辆车钩连挂间隙，由此可见，HXD3D 型机车牵引 25T 型车辆时的主要冲动来源于机车与车辆间的连挂间隙，运行中应尽量避免机车与车辆间的冲撞。

一、列车起动时的操纵方法

1. 问题描述

起动前如果列车处于不同的线路纵断面，且缓解试风过程中车辆在惯性力的作用下自由移动，机车与车辆的车钩将处于自由状态。当列车停于平道、下坡道时，自阀缓解后由于使用单阀

图 8　25T 型客车车体

制动，车钩处于自由状态或车辆在惯性力的作用下向机车方向移动，使车钩处于压缩状态，此时起动列车易产生冲动。

2. 解决方法

列车起动时要尽量减小牵引力，以此克服起动阻力稍大的牵引力为宜。根据 HXD3D 型机车牵引输出的特性，手柄级位控制在 1.0 级以内，使车钩间隙由压缩或自然状态缓慢地变为伸张状态，达到平稳起动的目的。如果整列车钩都处于压缩状态，可采取以下方法起动列车。

单阀全制位，将主手柄提至 0.1 级，缓慢缓解单阀压缩状态，使制动缸压力降至 30kPa（如果起动过于缓慢，应适当降低单阀制动力），这样可以减缓机车起动速度，从而降低车钩状态的变化速度，达到平稳起动的目的。列车起动后运行 3m 以上，待整列车钩都处于伸张状态时，再逐级提手柄，使牵引电流呈稳定上升趋势。

二、列车运行中的操纵方法

1. 问题描述

列车运行中机车与车辆间产生冲撞的原因主要有以下两种。

（1）列车匀速运行时，机车牵引力的突然增大或减小，会导致列车整体的冲动。

（2）列车牵引运行过程中，当机车牵引力大于轮轨间的摩擦力而产生空转时，机车牵引电流瞬间减小，车辆受惯性力影响，与机车产生冲撞，不利于列车平稳运行。

2. 解决方法

由于电力机车牵引功率大，在始发站按压开车键前将主手柄调整至不超过侧线最低限速相对应的手柄级位，控制列车速度不超过该站侧线道岔最低限制速度。防止按压开车键后超过道岔最低监控限速，造成监控装置卸载排风。

（1）运行中主手柄需要进级时，如机车有牵引电流输出，逐级增大主手柄级位即可。列车速度达到目标速度前，牵引力会逐渐减小。列车进入下坡道时，当牵引电流降至 50%，应将主手柄增加 0.1 级，避免因牵引电流消失导致的列车冲动。

（2）运行中需要回主手柄时，应在列车运行的实际速度对应的手柄级位与主手柄级位一致或相差较少，牵引电流降至最低时进行。

（3）防止空转应做到：主手柄进级时应控制好牵引电流，防止空转。需要较大牵引力起动列车时，应预先撒砂增大机车黏着力，再提主手柄。列车遇降雾、雨、雪、霜等不良天气时，应适当降低牵引力并及时撒砂，防止因空转造成列车冲动或监控装置卸载排风。

三、列车调速过程中的操纵方法

1. 问题描述

（1）HXD3D 型机车具有再生制动功能，但使用再生制动时如果只有机车产生制动力而车辆无制动力，会造成后部车辆在惯性力的作用下向前运动，冲撞前部车辆形成冲动。

（2）列车使用空气制动时，制动作用沿列车传递有不同时性，即前部车辆制动缸压力上升快，制动力形成得早，后部车辆制动缸压力由于依次上升，制动力形成得晚，全列车由前向后依次制动，车辆车钩由前向后依次压缩，从而形成了列车的纵向冲动。

2. 解决方法

列车运行中应尽量减少使用空气制动，可视运行情况通过调整主手柄控制列车速度。

（1）需要使用再生制动时，应掌握列车在惰力运行中车辆处于上坡道，车钩处于压缩状态的制动方法，主手柄应先放置在制动区 0.1 级，保持 5s 以上，待全列车钩压缩好，再逐级增加主手柄级位。再生制动力的增加或减少都应逐级进行，防止因制动力的突然增加或减少造成列车冲动。使用再生制动时，应一次调整列车至所需速度或停车后再解除机车再生制动，避免频繁加载或解除再生制动造成的列车冲动。

（2）列车实施制动的过程分为四个阶段，每个阶段都会引起列车的纵向冲动，减压量越大，产生的冲动越大。因此实施制动时应本着“最小减压量、不追加”的原则，减压量保持在 40 ~ 50kPa；制动、缓解的时机要选择全列车在同一线路纵断面上，避免在变坡点或复杂纵断面制动或缓解。实施制动过程中应采取“大劈叉”方法，保持机车制动缸压力为 0，非常制动情况除外。

图 9　“大劈叉”制动方式

四、列车停车过程中的操纵方法

1. 问题描述

（1）列车停车是列车由运行状态制动到停车状态的过程。列车制动停车过程中，列车管减压量越大，列车制动力就越大，列车冲动也越大。这是由于制动力较大时列车的减速度增加，在低速或停车瞬间车辆闸瓦摩擦力急剧增加，即使机车与车辆间没有明显的相对位移，也会因速度下降过快使旅客产生不平稳的感觉。

（2）HXD3D 型机车牵引 25T 型车体进站停车，停车标位置距出站信号机较近（100m 以内）时，为避免监控装置卸载排风，可以使用再生制动调整列车速度至 10km/h 以下，再使用空气制动停车。由于再生制动过程中机车和车辆间的车钩呈压缩状态，使用空气制动后车钩将拉伸，车钩状态的急剧转变会使列车产生冲动。

（3）遇不良天气、制动力弱或制动不及时等特殊情况，需要追加减压时，因前部车辆制动力增速快，后部车辆制动力增速慢，造成后部车辆向前涌撞，此时如果列车速度降为 0，后部未产生追加制动力的车辆将产生很大的冲动。

（4）如制动过早，需要缓解车辆进行二次制动。缓解时，由于列车速度较低，前后车辆缓解不同步，不利于列车平稳。此外，二次制动时列车管未充满风、制动盘过热等原因会导致二次制动力降低，存在过标的风险。

2. 解决方法

进站停车前，司机应根据列车计长、总重、线路纵断面、制动力大小、停车位置等情况综合判断，控制好列车速度，掌握好减压时机。在制动停车时应掌握“早减压、少减压、尽量不追加”的原则，将减压量控制在 40 ~ 50kPa。

（1）列车使用空气制动停车时，减压后应将主手柄置于 0.5 级左右，直至列车停车，防止机车因惯性作用停车时向后拥撞车辆。停车后将主手柄回至零位，单阀置于全制动位，自阀追加减压至 100kPa 以上。

（2）对于停车标距离出站信号较近的车站股道，可使用再生制动调整列车速度。列车进站后选择适当地点（最好选择在进站岔区内，利用列车通过道岔的横向冲动抵消部分纵向冲动），根据列车实际速度先将主手柄置于制动位 0.1 级，待全列车钩压缩后，再逐级增大机车再生制动力，调整列车速度。距离停车标 100m 前，控制列车速度在 10km/h 以下，将手柄缓慢回至零位，确保列车惰行 50m 以上，待车钩处于自然状态后，将主手柄置于 0.5 级，使用空气制动停车，使车钩保持伸张状态，为列车再次起动创造有利条件。

（3）需要追加制动力时，司机应提前做好预判，应本着“少追加、早追加”的原则，尽量避免多次追加，防止发生未排完风停车的现象。特殊情况需要多次追加时，应遵循以下原则：第一次追加减压，应在初次减压排风结束 6s 以后进行。第二次追加减压的时间间隔应在 3s 以上，追加减压次数一般不超过 2 次。每次追加减压量以 20kPa 左右为宜，但最后一次追加减压量应掌握在 20kPa 以内。追加减压后，应将单阀手柄瞬间（约 0.5s）推向缓解位。

（4）需要两段制动停车时，应控制好列车速度，确保缓解后速度控制在 10km/h 以内，为一段制动后留出充风时间，确保二段制动时制动管风压达到定压。如来不及，应适当增加二段制动的减压量（以 50 ~ 80kPa 为宜），防止发生制动力弱过标或后部车辆虚风无制动力造成的停车冲动。

第五讲

HXD3D型机车牵引25G型旅客列车平稳操纵方法

25G 型客车是中国铁路现役的空调客车型号之一，采用 209P、206P 型转向架，最高运营速度 120km/h。25G 型客车为无中梁薄壁筒形整体承载车体结构，悬挂装置为带摇动台式摇枕弹簧和两个高圆螺旋弹簧，相对于装有空气弹簧装置的 25T 型客车而言，乘坐舒适性较差。车钩缓冲装置采用 15 号 C 级钢车钩、C 级钢钩尾框和 G1 型缓冲器。25G 型客车的抗冲动性能相对于 25T、25K 型客车较差，因此 HXD3D 型机车牵引 25G 型旅客列车不宜使用机车再生制动调速。下文主要结合第三代 25G 型旅客列车讲述平稳操纵方法。

一、列车起动时的操纵方法

1. 问题描述

起动前，列车处于不同的线路纵断面，缓解试风过程中车辆在惯性力的作用下自由移动，全

图 10　25G 型客车车体

列车的车钩将处于自由状态。

（1）列车停于平道、下坡道时，自阀缓解后由于单阀制动，车钩处于自由状态或者车辆在惯性力的作用下向机车方向移动，使车钩压缩在一起，此时起动列车最易产生冲动。

（2）列车停于上坡道时，车辆的惯性力与列车运行方向相反，自阀缓解后单阀制动，车辆在惯性力的作用下向列车运行的相反方向移动，车钩处于伸张状态。

2. 解决方法

在起动列车时要尽量减小牵引力，以此克服起动阻力稍大的牵引力为宜，根据 HXD3D 型电力机车牵引输出的特性，手柄级位控制在 0.1 ~ 0.5 级，使车钩由压缩或自然状态缓慢地运行至伸张状态，达到平稳起动的目的。

（1）列车在下坡道起动时，为避免车钩压缩在一起，可以采取先加载机车牵引力，后缓解列车制动力的方法。起动列车时，单阀制动，将主手柄放置在 0.1 级，确认有牵引力输出后先缓解单阀再缓解自阀，使车辆在缓解的瞬间缓慢起动，避免了车钩间隙的突然变化。列车起动走行 3m 以上，待全列车钩处于伸张状态时，再增加主手柄级位。

（2）如果机车和车辆车钩已经处于压缩状态，可采取以下方法起动列车。单阀全制位主手柄放置在 0.1 级，逐渐缓解单阀至 30kPa（如果起动过于缓慢，应适当减小单阀制动力），这样可以减缓机车起动速度，从而降低车钩状态的变化速度，达到平稳起动的目的。起动列车后运行 3m 以上，待全列车钩处于伸张状态时，再逐渐增加主手柄级位。

（3）列车在上坡道起动时，操作方法为：单阀制动，此时比平道起动阻力大，主手柄需先放置在 0.2 级（根据纵断面和列车总重，可适当增加主手柄级位，但不应超过 0.5 级），确认有牵引力输出后，逐渐缓解机车制动力至 0，列车即可平稳起动。

二、列车运行中的操纵方法

1. 问题描述

列车运行中机车与车辆间产生冲撞的原因主要有三种。

（1）列车匀速运行时，机车牵引力的突然增大或减小，会导致列车整体的冲动。

（2）25G 型车体受线路纵断面和 HXD3D 型机车牵引输出特性的影响，在列车处于连续下坡道且手柄级位不变的情况下，机车与车辆间车钩将处于自由状态。当坡道发生变化时，尤其是由下坡道变为上坡道时，机车与车辆间的冲撞尤为明显。

（3）列车牵引运行过程中，当机车牵引力大于轮轨间的摩擦力而产生空转时，机车加速度将瞬间降低，车辆受惯性影响，会与机车产生冲撞，不利于列车平稳运行。

2. 解决方法

由于电力机车牵引功率大，列车起动后，在始发站按压开车键前，调整主手柄不超过侧线道岔最低限速相对应的手柄级位，控制列车速度不超过该站侧线道岔最低限速，防止按压开车键后超过监控限速，造成卸载排风。运行途中需要提、回主手柄时，应逐级进行，避免因为牵引电流的突然增加或消失造成列车冲动。

（1）运行中需要提主手柄时，如机车有牵引电流输出，则逐级增大主手柄级位即可；如机车无牵引电流输出，列车处于下坡道或平道运行时，根据机车实际速度可将主手柄放置在低于机车实际速度 1km/h 对应的手柄级位。

随着列车运行速度的降低或运行阻力的增

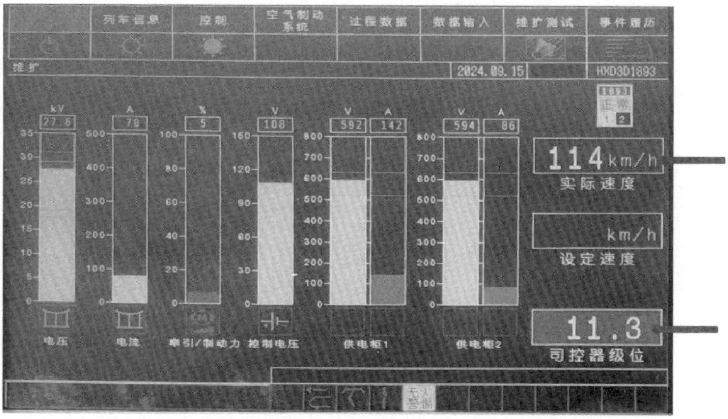

图 11　手柄级位低于实际速度 1km/h 参数

加，机车微机系统将自动输出牵引力，待全列车钩处于伸张状态后，再逐渐增加主手柄级位，达到所需目标速度。列车处于上坡道运行时，根据机车实际速度将主手柄放置在低于实际速度 2km/h 对应的手柄级位。随着运行速度的降低，机车微机系统将自动输出牵引力，待全列车钩处于伸张状态后，再逐渐增加主手柄级位，达到所需目标速度。

（2）运行中需要回主手柄时，应在列车运行的实际速度与主手柄级位对应速度一致或相差较少时进行。

全列在平道运行时，由于 HXD3D 型机车准恒速的牵引特性，牵引电流较小，此时可将主手柄回至低于实际运行速度 5km/h 对应的手柄级位，待牵引电流自动降至最低值稳定后，再将主手柄回至零位。全列运行在下坡道时，牵引电流自动降至最低值，此时可直接将主手柄回至零位。全

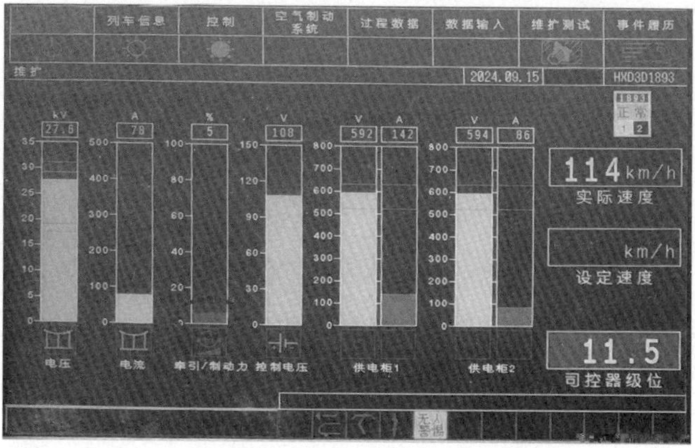

图 12 牵引电流较低时回手柄参数

列运行在上坡道时，牵引电流较大，此时应先逐渐将主手柄回至低于实际运行速度 5km/h 对应的手柄级位，待牵引电流自动降至最低值稳定后，再将主手柄回至零位。

需要回主手柄时，如果手柄级位高于机车运行速度对应的手柄级位较多、牵引力输出百分比较大时，应先逐渐降低主手柄级位，在高于机车实际运行速度 3km/h 对应手柄级位停留一段时间，或保持主手柄位置，待列车实际速度达到主手柄级位对应速度、牵引电流稳定后，再按上述方法回主手柄。如果主手柄回得过快，牵引力突然减少，车辆车钩缓冲装置在压缩状态下突然释放，会产生较大的冲动，不利于列车平稳运行。

（3）为防止空转，提主手柄进级时应控制好手柄级位，避免因手柄级位过高、牵引电流过大造成空转。需要较大牵引力起动列车时，应预先撒砂增大机车黏着力，再提主手柄。通过侧线或

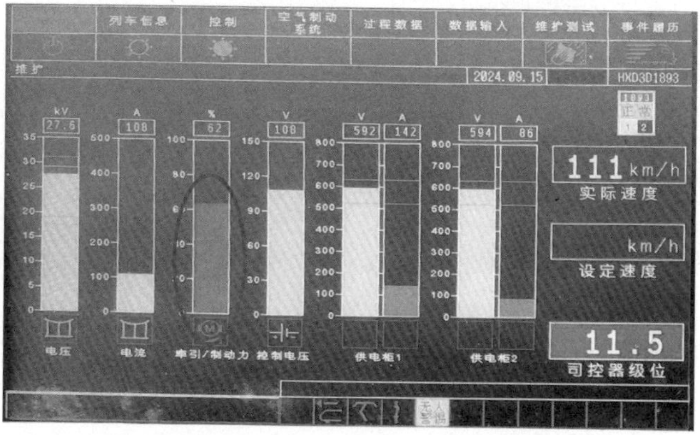

图 13　牵引电流较大时参数

钢轨有油、水，遇降雾、雨、雪、霜等不良天气时，适当降低牵引力并及时撒砂，防止因空转造成列车冲动或监控装置卸载排风。

三、列车调速过程中的操纵方法

1. 问题描述

使用空气制动时，制动作用具有沿列车长度而变化的不同时性，即前部车辆制动缸压力上升快，制动力形成得早，后部车辆制动缸压力依次上升得慢，制动力形成得晚，造成全列车由前向后依次制动，车辆车钩由前向后依次压缩，形成了列车的纵向冲动。

2. 解决方法

HXD3D 型机车牵引 25G 型旅客列车不应使用再生制动调速，列车运行中应尽量减少使用空气制动，视运行情况通过调整主手柄控制列车速度。列车实施制动过程分为四个阶段，每个阶段都会引起列车的纵向冲动，减压量越大，冲动力也越大。实施制动时应遵守以下原则。

（1）制动调速时应本着“少减压、不追加”的原则，减压量保持在 40 ~ 50kPa。

（2）制动、缓解的时机要选择全列车在同一线路纵断面上，避免在变坡点或复杂纵断面使闸。

（3）实施制动过程中应采取“大劈叉”方法，保持机车制动缸压力为 0，非常制动情况除外。

当进入制动过程的第四阶段时，各车辆的制动缸都达到最大制动力，此时如果各车辆制动力相同，则车钩间不存在因制动力而产生的作用力。因此只有在制动过程进入第四阶段才是缓解列车的最佳时机。实际操作中，实施制动减压后须待全列车排风完毕，平稳降速 5km/h 以上再缓解。

四、列车停车过程中的操纵方法

1. 问题描述

（1）列车停车是列车由运行状态制动到停车状态的过程。列车制动停车过程中，列车管减压量越大，列车制动力就越大，列车冲动也越大。这是由于制动力较大时列车的减速度增加，在低速或停车瞬间车辆闸瓦摩擦力急剧增加，即使机车与车辆间没有明显的相对位移，也会因减速度过大使旅客产生不平稳的感觉。

（2）HXD3D 型机车牵引 25G 型车体进站停车时，停车标位置距出站信号机较近（100m 以内）时，为避免监控装置卸载排风，需要使用两段制动停车。制动缓解时，由于列车速度较低和前后车辆缓解的不同时性，不利于列车平稳运行。此外，二次制动时列车管虚风、制动盘过热等会导致二次制动的制动力减小，存在过标的风险。

（3）遇不良天气、制动力弱或制动不及时等特殊情况，需要追加减压时，因前部车辆制动力增加快，后部车辆制动力增加慢，造成后部车辆向前拥撞，此时如果列车速度降为 0，后部未产生追加制动力的车辆将产生很大的冲动。

2. 解决方法

进站停车前司机应根据线路纵断面、列车制动力大小、停车位置等情况综合判断，控制好列车速度，掌握好减压时机。在制动停车时应掌握“早减压、少减压、尽量不追加”的原则，减压量控制在 40 ~ 50kPa。

（1）列车使用空气制动停车时，应将主手柄置于 0.5 级左右直至列车停车，防止机车因惯性作用停车时向后拥撞车辆。停车后将主手柄回至零位，单阀置于全制动位，自阀追加减压至 100kPa 以上。

（2）对于停车标距离出站信号机较近的车站

股道，应使用两段制动停车。两段制动停车时应控制好列车速度，缓解后速度应控制在 10km/h 以内，为一段制动后留出充风时间，确保二段制动时制动管风压达到定压，如来不及时应适当增加二段制动的减压量（以 50 ~ 80kPa 为宜），防止发生制动力弱过标或后部列车虚风无制动力，造成停车冲动。一段制动后将手柄置于适当位置，以缓解后的实际速度对应的级位为宜；二段制动前将主手柄提至 2.0 级，使车钩保持伸张状态停车，为列车再次起动创造有利条件。

（3）需要追加制动力时，司机应将手柄回至零位，本着“少追加、早追加”的原则，尽量避免多次追加，防止发生未排完风停车的现象。停车前将主手柄置于 0.5 级左右，使车钩保持伸张状态停车。特殊情况需要多次追加时，应遵循以下原则：第一次追加减压应在初次减压排风结束 6s 以后进行；第二次追加减压的时间间隔应在 3s

以上。追加减压次数一般不超过 2 次，每次追加减压量以 20kPa 左右为宜，但最后一次追加减压量应掌握在 20kPa 以内。追加减压后，应将单阀手柄瞬间推向缓解位（约 0.5s）。

第六讲

列车通过分相绝缘器的平稳操纵方法

分相绝缘器用于牵引变电所向接触网馈送不同相位电源时，将不同相位的电源进行分隔。它既承受接触网上不同相位的电压，又起到机械连接的作用。目前，常用的分相绝缘器一般由两块相同的玻璃钢绝缘件组成，两块玻璃钢绝缘件之间的接触线被称为中性区段，长度约30m。为防止电力机车受电弓通过中性区段时拖带电弧，烧损绝缘件和接触网导线，或造成其他供电事故，电力机车通过分相绝缘器时，应将调速手柄回至零位，断开主断路器，滑行通过分相绝缘器后，才能重新恢复正常操纵。

一、问题描述

（1）通过分相绝缘器前，司机回手柄过快甚至将手柄直接回至零位，此时机车牵引力顿失或衰减过快，会打破列车原有的平衡状态，导致后部车辆前冲，产生前阻后拥的冲击。

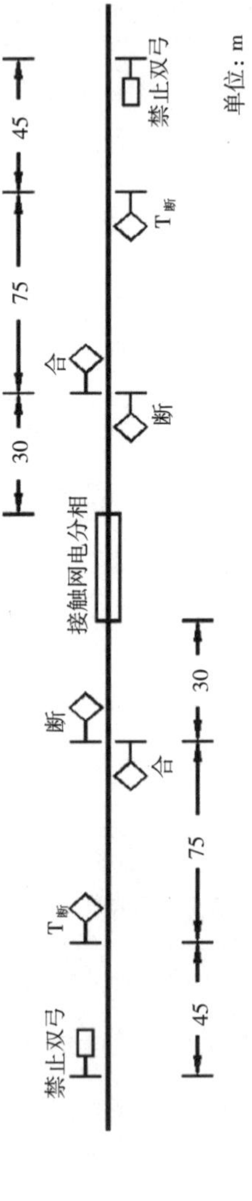

图 14　接触网分相示意图

（2）通过分相绝缘器前回手柄位置不当。分相绝缘器附近存在线路纵断面变化时，如平道转上坡或小上坡转大上坡，在机车进入坡道时解除牵引力，此时如果后部车辆处在平道或小坡道上，前部机车的减速度大于后部车辆的减速度，加上机车惯性远大于车辆惯性，必然会产生前后冲击。

（3）通过分相绝缘器后手柄进级不当。通过分相绝缘器后为连续长大上坡道时，需要立即牵引抢速，列车由惰行状态转为牵引状态，车钩缓冲装置由压缩状态变为伸张状态。如果拉力过大，会产生拉伸冲击，严重时可能发生断钩事故。

二、解决方法

（1）正常情况下过分相绝缘器退级时，应采取分段退级的方式，手柄在回至零位前，应在

“*”位稍作停留。对于准恒速机车，退级时应将手柄稍回，使牵引电流降低 1/2 左右，再退回“*”位，最后退回零位。

（2）分相绝缘器设在变坡点位置时，应掌握在全列车处于坡度一致的地点退级。由平道转上坡或小上坡转大上坡时，如速度过高，应在机车进入上坡或大坡道前退完级；如速度较低，可在分相绝缘器断电标前退回零位，或在列车大部分车辆处于上坡道后再退级。由平道转下坡或由上坡转下坡时，应在列车进入下坡道前，使列车车钩在自然状态下进入下坡道，或者采取分段退级方式，即低手柄将机车及前部车辆带入下坡道，再逐级退回零位，使机车与车辆的车钩在伸张状态下通过变坡点。上坡道分相绝缘器前应提前抢速，使列车保持较高速度。上坡道分相绝缘器应适当提前回手柄位置，通过分相绝缘器前手柄级位高于实际速度较多时，此时牵引电流较大，应将手柄级位退至高于实际速度 3 ～ 5km/h 对应位置，待电流稳定下降后，再逐级退回零位。通过分相绝缘器前手柄级位与实际速度一致时，应将手柄级位稍回，待牵引电流降至最低值时，再退至零位。总而言之，退级的原则就是尽量减少前后车辆间的惯性差，减小后部车辆对前部机车的冲击力。

（3）通过分相绝缘器后列车速度较高时（100km/h 以上），在主断路器闭合后，应迅速将主手柄级位置于低于列车实际速度 1km/h 的位置，待牵引电流稳定上升后，再逐级提手柄。通过分相绝缘器后列车速度较低时（100km/h 以下），在列车惰行 500m 后，再将手柄级位置于低于实际速度 1km/h 的位置，待牵引电流稳定上升后，再逐级提手柄。

后记

随着书稿的完成，我的内心充满了感慨与期待。这本书不仅是我个人多年铁路机车驾驶经验的总结，更是对铁路运输事业的深情致敬。

从我1986年出生至今，中国铁路事业经历了翻天覆地的变化，我有幸见证了这一切，并在其中贡献了自己的绵薄之力。作为“毛泽东号”机车组的司机长，我深感责任重大。每一次平稳操纵，每一次将旅客安全送达，都是对旅客承诺的坚守，也是对自我能力的不断挑战。

在书中，我详细阐述了HXD3D型机车牵引普速列车的平稳操纵方法，这些方法来源于实践，经过反复验证，最终形成了一套系统的工作法。我希望通过分享这些经验，能够帮助更多的机车乘务员提升操作技能，确保列车运行的安全性和平稳性，提升旅客的乘车体验。

在此，我要感谢所有在本书创作过程中给予我支持与帮助的人。感谢中国铁路北京局集团有限公司各位领导和同事的鼓励和指导，使我信心倍增。感谢“毛泽东号”机车组的每一位成员，与他们合作的经历是我职业生涯中最宝贵的财富。还要特别感谢本书的三位重要参与者：李泽昌和崔艳超凭借他们的专业能力和敬业精神对本书内容进行了细致梳理和结构编排，确保了内容的逻辑性和连贯性，为图书的专业度打下坚实基础；中国铁路北京局集团公司党校杜琳琳老师以文笔为书稿添彩，凭借对“毛泽东号”机车的深厚感情和对细节的精准把握，为全书文字进行润色和优化，不仅提升了文本的流畅度，更为图书叙述注入了新的活力。

展望未来，我坚信中国铁路事业将继续保持快速发展的势头。随着技术的不断进步和创新，我们的列车将更加安全、更加舒适。我期待与广大同行一起，为实现这一目标而不懈努力。

最后，希望这本书能够成为铁路机车司机和铁路爱好者的良师益友，也希望它能够激发更多人对铁路事业的热爱。让我们携手并进，共创中国铁路的美好明天。

2025 年 7 月

图书在版编目（CIP）数据

王振强工作法：HXD3D型机车牵引普速列车平稳操纵 / 王振强著. -- 北京：中国工人出版社, 2025. 5.

ISBN 978-7-5008-8546-7

Ⅰ. U270.1

中国国家版本馆CIP数据核字第2025RB0030号

王振强工作法：HXD3D型机车牵引普速列车平稳操纵

出 版 人　董　宽
责任编辑　魏　可
责任校对　张　彦
责任印制　栾征宇
出版发行　中国工人出版社
地　　址　北京市东城区鼓楼外大街45号　邮编：100120
网　　址　http://www.wp-china.com
电　　话　（010）62005043（总编室）
　　　　　（010）62005039（印制管理中心）
　　　　　（010）62379038（职工教育编辑室）
发行热线　（010）82029051　62383056
经　　销　各地书店
印　　刷　北京市密东印刷有限公司
开　　本　787毫米×1092毫米　1/32
印　　张　3.375
字　　数　39千字
版　　次　2025年8月第1版　2025年8月第1次印刷
定　　价　28.00元

优秀技术工人百工百法丛书

第一辑　机械冶金建材卷

第二辑　海员建设卷

100 ARTISANS AND 100
TECHNIQUES SERIES
蔡连财
工作法
半潜船浮装
操作

100 ARTISANS AND 100
TECHNIQUES SERIES
常洪霞
工作法
公交安全驾驶
与服务

100 ARTISANS AND 100
TECHNIQUES SERIES
陈宇航
工作法
大型管道
装配

100 ARTISANS AND 100
TECHNIQUES SERIES
陈竹祥
工作法
汽车漆膜修补

100 ARTISANS AND 100
TECHNIQUES SERIES
程克辉
工作法
常用
焊接操作技能

100 ARTISANS AND 100
TECHNIQUES SERIES
勾常春
工作法
盾构注浆
“制—运—注”
一体化集成系统

100 ARTISANS AND 100
TECHNIQUES SERIES
李燕肇
工作法
古建彩画
颜料调制
及彩画工艺流程

100 ARTISANS AND 100
TECHNIQUES SERIES
廖明
工作法
地铁司机应急处置
技能培训

100 ARTISANS AND 100
TECHNIQUES SERIES
魏钧
工作法
焊接十步
操作法

100 ARTISANS AND 100
TECHNIQUES SERIES
吴喜军
工作法
桥梁伸缩缝
微创技术

100 ARTISANS AND 100
TECHNIQUES SERIES
翟筛红
工作法
古建筑
冰纹窗制作

100 ARTISANS AND 100
TECHNIQUES SERIES
竺士杰
工作法
远控集装箱
岸桥操作法

第三辑　能源化学地质卷

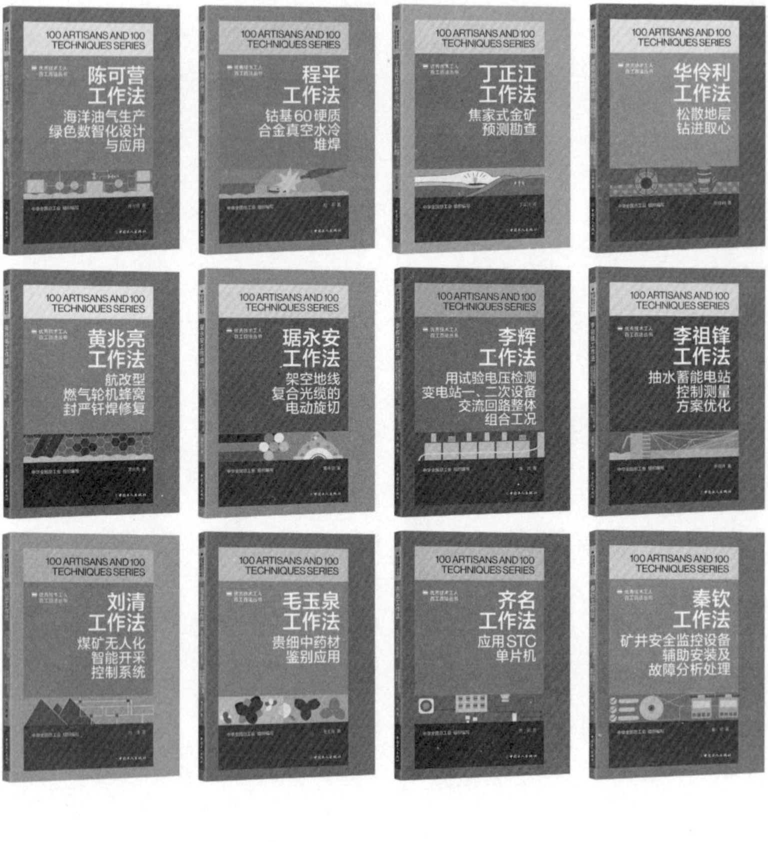

100 ARTISANS AND 100 TECHNIQUES SERIES
陈可营工作法
海洋油气生产绿色数智化设计与应用
100 ARTISANS AND 100 TECHNIQUES SERIES
程平工作法
钴基60硬质合金真空水冷堆焊
100 ARTISANS AND 100 TECHNIQUES SERIES
丁正江工作法
焦家式金矿预测勘查
100 ARTISANS AND 100 TECHNIQUES SERIES
华伶利工作法
松散地层钻进取心
100 ARTISANS AND 100 TECHNIQUES SERIES
黄兆亮工作法
航改型燃气轮机蜂窝封严钎焊修复
100 ARTISANS AND 100 TECHNIQUES SERIES
琚永安工作法
架空地线复合光缆的电动旋切
100 ARTISANS AND 100 TECHNIQUES SERIES
李辉工作法
用试验电压检测变电站一、二次设备交流回路整体组合工况
100 ARTISANS AND 100 TECHNIQUES SERIES
李祖锋工作法
抽水蓄能电站控制测量方案优化
100 ARTISANS AND 100 TECHNIQUES SERIES
刘清工作法
煤矿无人化智能开采控制系统
100 ARTISANS AND 100 TECHNIQUES SERIES
毛玉泉工作法
贵细中药材鉴别应用
100 ARTISANS AND 100 TECHNIQUES SERIES
齐名工作法
应用STC单片机
100 ARTISANS AND 100 TECHNIQUES SERIES
秦钦工作法
矿井安全监控设备辅助安装及故障分析处理

100 ARTISANS AND 100 TECHNIQUES SERIES
孙同根工作法
S Zorb 装置优化
100 ARTISANS AND 100 TECHNIQUES SERIES
王月鹏工作法
基于绝缘平台的绝缘杆作业法
100 ARTISANS AND 100 TECHNIQUES SERIES
王跃工作法
滴定分析的判断与控制
100 ARTISANS AND 100 TECHNIQUES SERIES
杨新海工作法
车载移动测量技术在实景三维成果质量检验中的应用
100 ARTISANS AND 100 TECHNIQUES SERIES
杨义兴工作法
油田修井现场清洁生产技术应用
100 ARTISANS AND 100 TECHNIQUES SERIES
游弋工作法
煤矿供电系统防晃电设计与应用
100 ARTISANS AND 100 TECHNIQUES SERIES
余姝工作法
高陡峡谷区地质灾害调勘查

第四辑　国防邮电卷

100 ARTISANS AND 100 TECHNIQUES SERIES
高凤林工作法
钢/铝异种金属软钎焊制造
100 ARTISANS AND 100 TECHNIQUES SERIES
曹彦生工作法
航天结构件数控铣削加工工艺
100 ARTISANS AND 100 TECHNIQUES SERIES
陈久友工作法
轻量化金属构件高性能激光焊接
100 ARTISANS AND 100 TECHNIQUES SERIES
陈佐佐工作法
数字化纤芯管理方案
100 ARTISANS AND 100 TECHNIQUES SERIES
洪家光工作法
典型产品车削加工
100 ARTISANS AND 100 TECHNIQUES SERIES
秦世俊工作法
直升机动部关键件、重要件数控加工
100 ARTISANS AND 100 TECHNIQUES SERIES
陶安工作法
高精度、高硬度螺纹环规二次车削及专用夹具
100 ARTISANS AND 100 TECHNIQUES SERIES
王刚工作法
高精度铰孔精准控制
100 ARTISANS AND 100 TECHNIQUES SERIES
徐珺工作法
全光组网安装维护交付

第五辑　财贸轻纺烟草卷

第六辑　农林水利卷

第七辑　金融卷

第八辑　铁路卷